사이언스 리더스
미라의
수수께끼

엘리자베스 카니 지음 | 김아림 옮김

비룡소

엘리자베스 카니 지음 | 미국 뉴욕 브루클린에 살며 작가이자 편집자이다. 어린이 지식책과 과학, 수학 잡지 등에 글을 쓴다. 2005년 미국과학진흥협회(AAAS)에서 주는 과학 저널리즘상 어린이 과학 보도 부분을 받았다.

김아림 옮김 | 서울대학교에서 공부하고 같은 대학원 과학사 및 과학철학 협동 과정에서 석사 학위를 받았다. 출판사에서 과학책을 만들다가 지금은 책 기획과 번역을 하고 있다.

내셔널지오그래픽 키즈 사이언스 리더스
LEVEL 2 미라의 수수께끼

1판 1쇄 찍음 2025년 1월 20일 **1판 1쇄 펴냄** 2025년 2월 20일
지은이 엘리자베스 카니 **옮긴이** 김아림 **펴낸이** 박상희 **편집장** 전지선 **편집** 유채린 **디자인** 김연화
펴낸곳 (주)비룡소 출판등록 1994.3.17.(제16-849호) **주소** 06027 서울시 강남구 도산대로1길 62 강남출판문화센터 4층
전화 02)515-2000 **팩스** 02)515-2007 **홈페이지** www.bir.co.kr **제품명** 어린이용 반양장 도서 **제조자명 (주)비룡소**
제조국명 대한민국 **사용연령** 3세 이상 **ISBN** 978-89-491-6920-0 74400 / ISBN 978-89-491-6900-2 74400 (세트)

사진 저작권 Cover, Todd Gipstein/National Geographic Image Collection;1, DeAgostini/Getty Images; 2, ancientnile/
Alamy; 5 (BOTH), Robert Harding Picture Library Ltd/Alamy; 6, Marwan Naamani/AFP/Getty Images; 7, O. Louis
Mazzatenta/ National Geographic Image Collection; 8, The Trustees of The British Museum/Art Resource; 9, Glen
Allison/ Photographer's Choice/Getty Images; 10-11, Robin Weaver/Alamy; 12, Robert Clark/National Geographic Image
Collection; 13, Marka/Alamy; 14-15, Marc Deville/Getty Images; 16, South American Pictures; 17, Enrico Ferorelli; 18-
19, Kimberly Schamber; 20, Kenneth Garrett/National Geographic Image Collection; 21, Ric Francis/Associated Press;
22, Time Life Pictures/Mansell/Time Life Pictures/Getty Image; 23 (UP), Robert Harding World Imagery/ Getty Images;
23 (LO), Historical Picture Archive/Corbis/Corbis via Getty Images; 24, Erich Lessing/Art Resource; 25 (UP), Dorling
Kindersley/Getty Images; 25 (LO), Carl & Ann Purcell/Editorial RF/The Image Bank Unreleased/Getty Images; 26, age
fotostock/Alamy Stock Photo; 27, Dennis Cox/Alamy Stock Photo; 29, University College Museum, London, UK/The
Bridgeman Art Library; 30, Ira Block/National Geographic Image Collection; 31, Ira Block/National Geographic Image
Collection; 32 (UP LE), Robert Harding Picture Library Ltd/Alamy; 32 (UP RT), Visuals Unlimited/Getty Images; 32 (CTR
LE), Glen Allison/Photographer's Choice/Getty Images; 32 (CTR RT), S. Vannini/De Agostini/Getty Images; 32 (LO LE), Ric
Francis/Associated Press; 32 (LO RT), Bojan Brecelj/Corbis/Corbis via Getty Images

이 책의 차례

미라의 발견!

한 남자가 질퍽한 **늪지**에서 일하던 중, 덜컥!
삽 끝에 단단한 무언가가 걸렸어. 깜짝 놀라
땅을 파자 흙 속에서 검은색의 무언가가
드러났지. 그리고 마침내 땅을 다 팠을 때
나타난 건 까맣게 변한 **시신**이었어!
시신에는 치아와 머리카락, 심지어는
지문까지 생생하게 남아 있었어. 마치 얼마
전에 세상을 떠난 사람 같았지. 남자는
경찰에 신고했고, 조사 끝에 놀라운 사실이
밝혀졌어. 그 시신이 2000년도 더 전에 죽은
사람이라는 거야. 그래, 바로 미라였던 거지.

미라 용어 풀이

늪지: 땅이 축축하고 물이
고여 있는 곳.

시신: 죽은 사람의 몸.

늪지에서 발견된 이 미라는 '그라우발레맨'이라고 불려.
덴마크의 그라우발레 마을에서 발견되어서 붙은 이름이야.

미라는 어떻게 만들까?

누구나 죽은 뒤에는 몸이 썩어.
그리고 곤충과 **세균** 등이
몸 구석구석을 먹어 치우지.

하지만 죽었는데도
썩지 않는 시신이
있어. 바로 미라가
그래. 미라를
만드는 방법은
두 가지야. 하나는
사람이 직접 세균을
없애는 약품을
써서 미라를 만드는
거야. 아니면 우연히
미라가 되기에 알맞은
때와 장소에 놓인 시신이

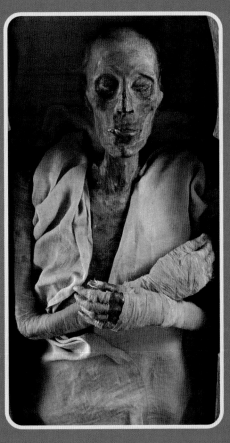

미라 용어 풀이

세균: 우리 눈에 보이지 않는
아주 작은 생물.

자연스럽게 미라가 되기도 하지.
자연이 만든 미라인 거야.

자연이 만든 미라

영국의 늪지에서 발견된 '린도맨'이라는 미라야.
이 미라도 피부, 머리카락, 지문까지 남아 있었어.

무척 춥거나 덥고 메마른 곳에서는 시신을
썩게 하는 세균이 잘 살 수 없어. 질퍽한
늪지도 마찬가지야. 늪지는
물이 오래 고여 있어서
세균에게 꼭 필요한 산소가
거의 없거든. 그래서 미라는
쌀쌀한 산꼭대기나 뜨거운
사막에서 발견되곤 했어.
특히 늪지에서 발견되는
미라는 몸이 대부분 그대로
남아 있었지.

과학자들은 늪지에서 찾은 미라를 연구해서,
먼 옛날 사람들도 머리카락을 정돈할 때 헤어
젤을 사용했다는 사실을 알아내기도 했어.

아래에 미라가 된 남자의 얼굴을 좀 봐.
꼭 잠든 것 같지? 하지만 이 남자가 그리
편안하게 세상을 떠난 건 아니었어.
덴마크의 늪지에 묻혀 있던 이 미라는
'톨룬드맨'이라고 해. 목에 밧줄이 감긴 채
발견됐지. 과학자들은 그가 제물로 바쳐져
죽임을 당했다고 생각해.

2300여 년 전, 남자가 살아 있을 때 마지막으로 먹은 음식은 야채수프였어. 죽기 전에 먹은 음식이 뱃속에 그대로 남아 있어서 알 수 있었어.

톨룬드맨은 덴마크의 실케보르 박물관에 전시되어 있어.

알프스산맥에서 발견된
냉동 미라 '외치'야.

1991년, 알프스산맥의 외츠탈을 오르던
부부가 꽁꽁 언 시신을 발견했어. 놀랍게도
그 시신은 5300여 년 전에 죽임을 당한
남자의 미라였어. 오래전에 벌어진 살인
사건이 뒤늦게 드러난 거야.
이 미라는 '외치'라고 불려. 가장 오래된
미라 중 하나야. 외치는 망토를 두르고 가죽
신발을 신고 있었어. 그리고 어깨에
돌 화살촉이 박혀 있었지.
누군가 뒤에서 화살을 쏜 거야!
도대체 누가, 왜 외치를 죽인
걸까? 이 사건은 여전히
수수께끼로 남아 있어.

외치는 살아 있었을 때
이런 모습이었을 거야.

사람이 만든 미라

수천 년 전, 사람들은 직접 미라를 만들었어.
사람이 죽은 뒤에도 영혼은 죽지 않는다고
생각한 여러 **문화권**에서 그렇게 했지.

사람들은 영혼이 살아가는 데도 물건이
필요할 거라고 생각했어. 그래서 미라 옆에

미라 용어 풀이

문화권: 같은 생각과 생활
방식을 가진 사람들이 모여
사는 지역.

무기, 보석, 먹을거리, 심지어 반려동물까지
함께 묻곤 했어.

한편 문화권에 따라 미라를 만드는 방식은
달랐어. 어떤 곳에서는 모래나 연기로 시신을
바짝 말렸고, 또 다른 곳에서는 시신이 썩지
않도록 약품을 쓰기도 했어.

친초로 사람들이 만든 미라야.
얼굴에 진흙 가면을 쓰고 있어.

처음으로 미라를 만든 건 남아메리카 북쪽의
친초로 지역에 살았던 사람들이었어. 무려
7000여 년 전부터 미라를 만들었다고 해.
지금까지 발견된 사람이 만든 미라 가운데
가장 오래되었지.

친초로 사람들은
아기부터 노인까지,
누구든 죽으면 미라로
만들었어. 미라의 얼굴은
진흙으로 덮고, 몸은 검게
칠했지.

친초로 문화권은
약 3000년 전에 사라졌어.
지금은 친초로 사람들이
남긴 별난 미라들만 남아
있단다.

친초로 사람들은 시신의 팔, 다리, 등뼈를
튼튼하게 고정하기 위해 막대기를 사용했어.

상상 초월 미라 만들기

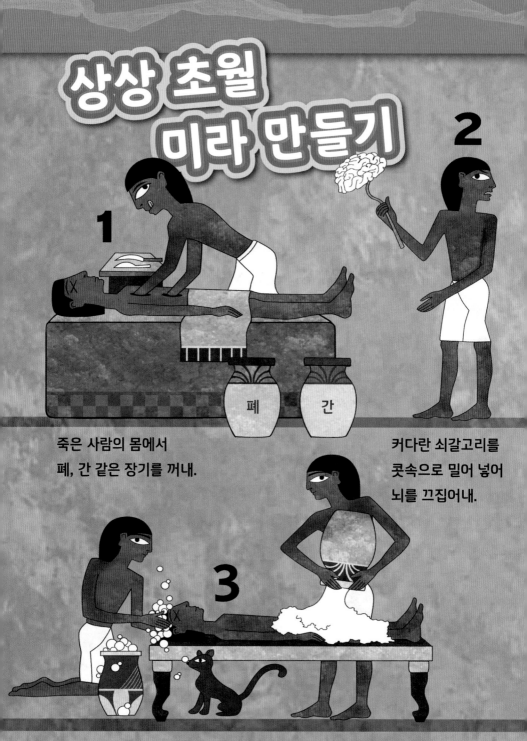

1 폐 간

죽은 사람의 몸에서
폐, 간 같은 장기를 꺼내.

2

커다란 쇠갈고리를
콧속으로 밀어 넣어
뇌를 끄집어내.

3

시신을 깨끗이 씻은 다음에 소금으로 덮어 둬.

4

소금을 덮은 시신을 40일가량
그대로 두어 바짝 말려.

5

바짝 말린 시신에
향이 나는 기름을 발라.

6

시신을 하얀 천으로
둘둘 감으면
미라 완성!

투탕카멘의 보물 무덤

고대 이집트 사람들은 미라를 엄청나게
많이 만들었어. 1922년에는 하워드 카터라는
과학자가 이집트에서 특별한 **무덤**을
발견했어. 카터는 어두운 무덤 속을 램프로
비춰 보고는 화들짝 놀랐지. 무덤 안이 온통
금으로 가득 차서 번쩍거리고 있었거든!

카터가 발견한 건
투탕카멘의 무덤이었어.
투탕카멘은 고대 이집트를
다스렸던 왕이야.
약 3300년 전, 고작
열여덟 살에 세상을 떠났지.
하지만 투탕카멘은 엄청나게
많은 보물과 함께 묻혔고,
이 화려한 무덤 덕분에 오늘날
세계적으로 유명해졌어.

 미라 용어 풀이

고대 이집트: 약 5000년 전
아프리카 북동쪽의 나일강
주변을 다스린 왕국.

무덤: 죽은 사람을 땅에 묻어
놓은 곳.

미라의 저주

하워드 카터는 투탕카멘의 무덤을 발견한 후로
10년 동안 무덤을 연구했어.
미라의 저주를 피한 걸까?

투탕카멘의 무덤이
발견되자 사람들은
이 어린 왕이 궁금했어. 투탕카멘을 둘러싼
오싹한 소문도 돌았지. 소문이 뭐냐고? 글쎄,
투탕카멘 미라가 무서운 저주를 내린다는
거야. 무덤이 열리고 얼마 지나지 않아
무덤을 파냈던 사람 가운데 한 명이 세상을
떠났거든. 미라의 저주를 받은 거라나 뭐라나.

투탕카멘의 무덤은 도둑들이 무덤 속 보물을 훔치려 했던
흔적으로 어질러져 있었어.

미라가 된 동물들

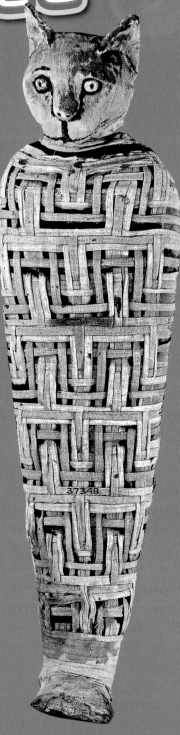

고대 이집트 사람들은
사람만 미라로 만든 게
아니야. 죽은 동물로도
미라를 만들었어!

예컨대, 아끼던 **반려동물**이
죽으면 미라로 만들어
주인과 함께 묻기도 했어.
특히 이집트 사람들은
고양이를 무척 각별하게
여겼어. 고양이가 죽으면
온 가족이 슬픔에 빠지곤
했지.

또 이집트 사람들은
개, 악어, 원숭이, 새도
미라로 만들었어.
이 동물들이 신을 기쁘게
한다고 믿었거든.

미라 용어 풀이

반려동물: 사람이 가족처럼
생각하며 가까이 두고 기르는
동물.

세상에서 가장 완벽한 미라

신추 부인은 살아 있었을 때 이런 모습이었을 거야.

약 2000년 전, 중국의 부자인 신추 부인이 세상을 떠났어. 사람들은 부인의 몸이 썩지 않도록 소금에 절여 물기를 빼고, 고운 비단으로 20겹이나 감쌌어. 이 시신을 아름답고 튼튼한 관에 넣어 깊은 땅속에 묻었고, 무덤은 진흙으로 단단히 덮여 오랜 세월 꽁꽁 숨겨져 있었단다. 그러다 1972년, 마침내 무덤이 세상에 모습을 드러냈어! 그런데 사람들은 무덤 속에서 발견된 신추 부인의 미라를 보고 깜짝 놀라고 말았어.

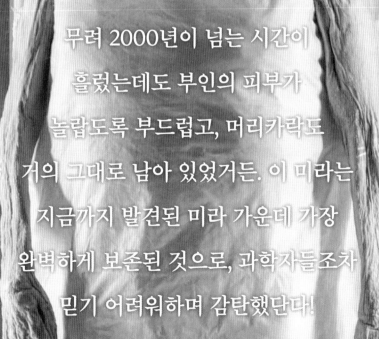

무려 2000년이 넘는 시간이
흘렀는데도 부인의 피부가
놀랍도록 부드럽고, 머리카락도
거의 그대로 남아 있었거든. 이 미라는
지금까지 발견된 미라 가운데 가장
완벽하게 보존된 것으로, 과학자들조차
믿기 어려워하며 감탄했단다!

오늘날에도 미라를 만들까?

먼 옛날 사람들만 미라를 만들었던 건
아니야. 이후에도 몇몇 유명한 사람들이
미라가 되었지.

1832년에 세상을 떠난 영국의 철학자
제러미 벤담도 그중 하나야. 벤담은
자신의 몸이 과학 연구에 쓰이기를 바랐어.
제자들은 그 뜻에 따라 벤담의 시신에서
장기를 꺼내고, 미라로 만들었어. 그런 다음
뼈대에 옷을 입혔지. 지금도 영국에 가면
벤담의 미라를 볼 수 있어!

벤담은 미라가 된 이후에도 휠체어를 타고 회의에 참석했다고 해. 물론 의견을 낼 수는 없었겠지만 말이야.

미라가 들려주는 이야기

미라는 말을 할 수 없어. 하지만 과거에
있었던 여러 사실을 우리에게 알려 주지.
과학자들이 미라의 몸 안팎과 주변을 꼼꼼히
살피고 연구해서 알아내는 거야.

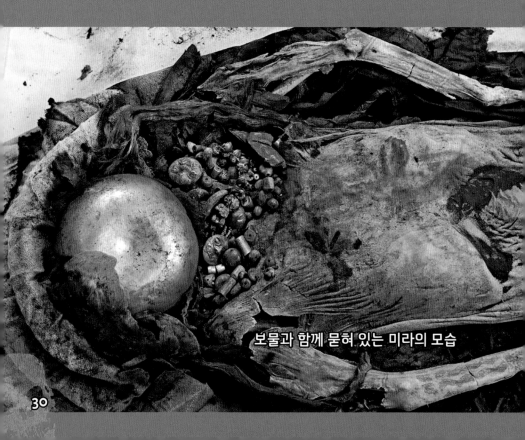

보물과 함께 묻혀 있는 미라의 모습

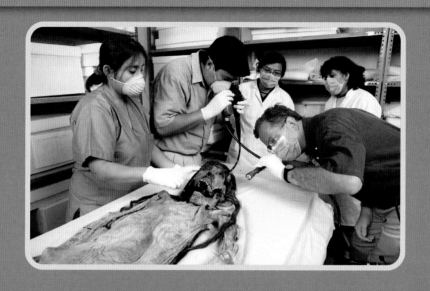

미라의 뱃속에 남은 음식을 보면, 당시
사람들이 무엇을 먹었는지 알 수 있어.
또 뼈를 보면 그 사람의 삶이 어땠는지,
때로는 어떻게 죽게 되었는지도 알게 되지.
과학자들은 미라의 옷이나 함께 묻힌
물건까지도 꼼꼼히 조사해.
이 모든 것은 옛날 사람들의 종교나 생활
방식에 대해 힌트를 줘. 그러니까 미라는
먼 과거를 보여 주는 타임머신인 셈이야!

시신
죽은 사람의 몸.

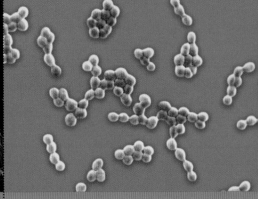

세균
우리 눈에 보이지 않는 아주 작은
생물.

이 용어는
꼭 기억해!

늪지
땅이 축축하고 물이 고여 있는 곳.

무덤
죽은 사람을 땅에 묻어 놓은 곳.

고대 이집트
약 5000년 전 아프리카 북동쪽의
나일강 주변을 다스린 왕국.

문화권
같은 생각과 생활 방식을 가진
사람들이 모여 사는 지역.